Luiz Borja

Marketing Orgânico

Essencial e Prático

Luiz Borja

Marketing Orgânico

Essencial e Prático

Cases de Sucesso

Natura • Magazine Luiza • Ifood • Havaianas
Banco Inter • Ambev • Cervejaria Colorado
Hotmart

Criatividade vence a técnica

1º Edição. Belo Horizonte 2024.

Texto e Organização: **Luiz Borja** | Editor: **Miller Britto**

Revisão: **Carla Castro** | Capa: **Luiz Borja, Mitty Comunição e Mkt**

Dados Internacionais de Catalogação na Publicação (CIP)
(Câmara Brasileira do Livro, SP, Brasil)

Borja, Luiz
Marketing orgânico : essencial e prático / Luiz Borja. -- 1. ed. -- Belo Horizonte, MG : Sete Autores Editora e Distribuidora, 2024.

ISBN 978-65-81480-16-5

1. Cultura digital 2. Marketing 3. Marketing digital 4. Mercado digital 5. Mídias digitais 6. Redes sociais on-line I. Título.

24-245972 CDD-658.8

Índices para catálogo sistemático:

1. Marketing digital : Administração 658.8

Aline Graziele Benitez - Bibliotecária - CRB-1/3129

Sete Autores Editora e Distribuidora LTDA
Contato: (31) 99109.4070
www.editorasetea utores.com
Instagram: @editorasetea utores
Email: editora7autores@gmail.com

Hodie

Um dia de cada vez,
com foco e propósito.
Faça de hoje o
melhor que puder!

Dedico este livro a Deus, que me deu cada coisa em seu tempo e pela vida maravilhosa que tenho. Agradeço profundamente à minha família, que sempre esteve ao meu lado, e aos meus amigos, que me apoiaram ao longo dessa jornada.

Sou grato a todos os livros, filmes e histórias que passaram pela minha vida e me transformaram na pessoa que sou. - "Apenas aqueles que se arriscarem a ir mais longe poderão descobrir o quão longe são capazes de ir." - T. S. Eliot, escritor, poeta e vencedor do Prêmio Nobel de Literatura.

Quero expressar minha gratidão especial a Miller Britto, Juliano Loureiro, Peter Rossi, Helton Carvalho, Danusa Oliveira, Carla Castro, Paula Santos, Natan Martins e Taylor Coelho pelas oportunidades que me proporcionaram, sejam elas profissionais ou pessoais.

Como empresário, designer, pedagogo apaixonado pela vida e disléxico, encaro cada dia como um desafio e uma conquista. Este livro é uma parte dessa trajetória.

Luiz Borja

O sucesso não nasce.
Ele é criado.

Prefácio

Nos dias atuais, em um mundo digital cada vez mais saturado de anúncios pagos e conteúdos promovidos, surge uma abordagem mais autêntica, sustentável e eficaz: o marketing orgânico. Este livro é um convite para explorar um caminho que, embora solicitado, oferece resultados duradouros e genuínos, criando conexões reais entre marcas e públicos. O marketing orgânico não se trata apenas de aumentar o alcance ou de envolver mais pessoas; ele é sobre construir confiança, cultivar relacionamentos e oferecer valor genuíno, tudo isso sem a necessidade de grandes orçamentos publicitários.

Neste livro, você encontrará estratégias comprovadas que permitem maximizar a visibilidade da sua marca de maneira natural, utilizando o poder do conteúdo de qualidade, das redes sociais, do SEO, do storytelling e da análise de dados. A ideia é que, ao longo dos capítulos, você seja guiado por um processo de construção gradual e autêntico da sua presença digital, aprendendo a tomar decisões baseadas em dados e a criar experiências que realmente ressoem com seu público.

Aqui, uma jornada para o sucesso digital será vista como um processo colaborativo, com a ajuda de influenciadores, parcerias e uma boa dose de criatividade. Você verá que, ao investir na construção de uma comunidade fiel e engajada, o marketing orgânico se torna não apenas uma estratégia de marketing, mas uma filosofia de negócios que pode transformar a forma como você se conecta com o mundo.

Seja você um empreendedor, um profissional de marketing ou alguém que deseja fortalecer a presença de sua marca no ambiente digital, este livro oferecerá as ferramentas possíveis para que você tenha destaque de forma autêntica, verdadeira e, acima de tudo, orgânica.

Boa leitura e boa jornada!

Tudo que um começo

O mercado digital está em constante evolução, e para se destacar de forma autêntica, acompanhar essas mudanças é essencial. Nesse cenário dinâmico, o marketing orgânico surge como uma poderosa ferramenta para marcas que desejam crescer de maneira sustentável e verdadeira. Este livro nasce da minha experiência prática e da paixão por estratégias que valorizam o crescimento genuíno, sem a necessidade de grandes investimentos em anúncios pagos.É com grande entusiasmo que apresento Marketing Orgânico Essencial e Prático.

Este livro é o resultado de anos de estudo, aprendizado e aplicação de técnicas de marketing que vão além do óbvio. Ao longo da minha trajetória como especialista em marketing e proprietário das agências i5 Mkt e Mitty Comunicação, tive a oportunidade de trabalhar com diversas marcas e construir estratégias digitais que respeitam a essência de cada negócio.

Cada capítulo deste livro foi pensado para proporcionar uma leitura clara e acessível, abordando temas que vão desde SEO, marketing de conteúdo, automação, até a importância de mídias sociais na construção de comunidades engajadas. Em todos os capítulos, compartilho cases de sucesso de empresas brasileiras como Natura, Magazine Luiza, Ifood, Havaianas, Banco Inter, Ambev e Cervejaria Colorado. Elas são exemplos de como uma abordagem orgânica pode criar marcas fortes, autênticas e duradouras.

No capítulo inicial, abordo os fundamentos do marketing orgânico e explico como ele pode transformar a presença digital de qualquer empresa. Ao longo dos capítulos seguintes, mergulho em estratégias de SEO (capítulo 2), marketing de conteúdo (capítulo 3), automação e como utilizar essas ferramentas para alavancar resultados (capítulo 4). Discutimos também a importância das mídias sociais (capítulo 5) e como elas são fundamentais na construção de uma comunidade leal em torno de uma marca.Minha trajetória como designer e host do podcast Pod Ler e Escrever também me ensinou muito sobre a importância de construir um relacionamento autêntico com o público.

Foram mais de 78 livros nos quais atuei como designer, e tive a honra de entrevistar autores renomados como Lobão e Daniela Zuppo. Ver nosso trabalho ganhar destaque na mídia, como na matéria da Record, apenas reforçou meu propósito de apoiar novos talentos e promover a cultura de maneira genuína.Como empreendedor e futuro pedagogo, acredito que a educação é a chave para a realização dos sonhos. Este livro é uma extensão desse propósito.

Quero ajudar cada leitor a entender como construir uma marca que seja relevante e tenha impacto a longo prazo no mercado digital, utilizando o marketing orgânico como uma ferramenta de transformação.Marketing Orgânico Essencial e Prático é mais do que um guia técnico. É um convite para você, empreendedor ou profissional de marketing, mergulhar em uma nova abordagem que valoriza a autenticidade e o crescimento sustentável.

Escrever este livro foi mais do que um projeto; foi uma jornada pessoal de descobertas e transformações. A ideia nasceu há algum tempo, mas foi em 2024 que finalmente decidiu trazê-la ao mundo. E isso não foi por acaso.

2024 representa, para mim, um ano de renovação. Um período em que o mundo parece caminhar em busca de novas perspectivas, e eu me sinto chamado a fazer parte disso de maneira significativa. Este livro é minha contribuição para quem, como eu, acredita que cada palavra tem o poder de provocar mudanças, inspirar ideias e fortalecer conexões humanas.

A decisão de escrever e publicar agora veio do desejo de compartilhar algo verdadeiro, que fosse mais do que apenas um texto no papel.

Espero que você encontre estas páginas não apenas uma leitura, mas uma experiência. Que estas palavras te inspiraram a trabalhar em seus projetos tanto quanto me inspiraram ao escrevê-las. Obrigado por permitir que este livro faça parte de sua jornada.

Economia da Distração

A "Economia da Distração" é um termo que reflete a forma como empresas e plataformas digitais competem intensamente pela atenção dos usuários. Em um mundo de constante conectividade, onde cada notificação, vídeo e anúncio é pensado para capturar um pedaço do nosso tempo, o foco das pessoas se tornou um recurso altamente disputado. Grandes marcas e empresas tecnológicas como Facebook, YouTube, e Instagram investem pesadamente em algoritmos que mantêm os usuários imersos em seus conteúdos, gerando engajamento contínuo.

A lógica é simples: quanto mais tempo alguém passa interagindo em uma plataforma, maior é a probabilidade de consumir anúncios, gerar dados valiosos para empresas e, potencialmente, realizar uma compra. Esse modelo é impulsionado por métricas como tempo de tela e engajamento, que são monitoradas para aumentar a exposição do usuário a produtos e serviços. No entanto, isso levanta discussões importantes sobre o impacto da distração constante na produtividade e na saúde mental das pessoas, além de destacar o papel ético que o marketing digital deve assumir nesse contexto.

Para marcas que desejam adotar uma abordagem mais consciente, é fundamental balancear a atração de atenção com o respeito ao tempo e à experiência do usuário. Estratégias de marketing orgânico, como as abordadas neste livro, buscam desenvolver relacionamentos duradouros e autênticos com o público, priorizando a criação de valor em vez da simples captura de atenção.

A Relação da Inteligência Artificial com Marcas e Usuários

A Inteligência Artificial (IA) está moldando profundamente a forma como marcas interagem com os usuários, oferecendo oportunidades para personalização, eficiência e insights cada vez mais precisos. Com algoritmos sofisticados, as empresas podem analisar comportamentos de consumo e preferências, criando experiências personalizadas em grande escala. Ferramentas de IA permitem que as marcas ajustem recomendações de produtos, conteúdos e até anúncios de maneira específica para cada usuário, aumentando o engajamento e as taxas de conversão.

Do ponto de vista do usuário, a IA proporciona conveniência e uma experiência mais alinhada aos seus interesses. Plataformas como Netflix e Spotify, por exemplo, utilizam IA para sugerir filmes, séries e músicas com base no histórico de navegação de cada pessoa. Essa personalização, embora altamente atrativa, pode gerar uma experiência de consumo em que os usuários estão constantemente expostos ao que é mais compatível com seus gostos, muitas vezes limitando a exploração de conteúdos novos ou fora do perfil pré-estabelecido.

Além disso, surgem questões sobre privacidade e a coleta de dados. Para que a IA funcione de maneira eficiente, ela precisa de dados. O uso extensivo de dados pessoais para alimentar algoritmos de IA levanta preocupações quanto à transparência e à ética, especialmente quando os usuários nem sempre têm conhecimento completo de como suas informações estão sendo utilizadas.

Assim, marcas comprometidas com a confiança e transparência têm a oportunidade de adotar práticas de IA que respeitam a privacidade e oferecem ao usuário um controle maior sobre seus dados.

Na prática, uma abordagem ética e centrada no usuário beneficia tanto as marcas quanto o público, criando uma relação de confiança. Marcas que investem em IA para aprimorar a experiência, mas ao mesmo tempo respeitam os limites e a autonomia dos usuários, conseguem criar um relacionamento duradouro e diferenciado.

A primeira impressão é a que fica.

Tanto no design quanto no marketing, a estética inicial é crucial para atrair e reter a atenção.

CAPÍTULO 1:

O que é Marketing Orgânico e Por Que Ele Importa

Introdução ao Marketing Orgânico

No vasto universo do marketing, onde estratégias pagas dominam frequentemente o cenário, o marketing orgânico emerge como uma abordagem autêntica e sustentável. Imagine um jardim: cada semente plantada representa uma ideia, um conteúdo ou uma interação com seu público. O marketing orgânico é a arte de cultivar essas sementes, nutri-las e vê-las florescer ao longo do tempo. Ao contrário das campanhas pagas, que podem oferecer resultados rápidos, o marketing orgânico é um investimento a longo prazo que constrói relacionamentos duradouros e confiança.

A Relevância do Marketing Orgânico

Eles buscam autenticidade, transparência e valor em suas interações. O marketing orgânico atende a essa demanda, pois foca em fornecer conteúdo relevante que educa, informa e entretém. Neste capítulo, exploraremos as principais razões pelas quais o marketing orgânico é essencial:

Credibilidade e Confiança: Quando as pessoas encontram conteúdo útil e autêntico, elas tendem a confiar mais na marca. Isso é crucial em um cenário onde os consumidores são bombardeados com mensagens de marketing diariamente.

Custo-efetividade: Embora o marketing pago possa trazer resultados imediatos, o marketing orgânico pode ser mais acessível, especialmente para pequenas empresas. Com uma estratégia bem planejada, é possível alcançar um público significativo sem gastar uma fortuna.

Sustentabilidade a Longo Prazo: O marketing orgânico não se limita a resultados momentâneos; ele constrói uma base sólida para a marca, permitindo que o conteúdo continue a gerar tráfego e engajamento ao longo do tempo.

Cultivando sua Estratégia de Marketing Orgânico

Como jardineiro que cuida de seu jardim, o profissional de marketing deve adotar uma mentalidade de cuidado e paciência. Isso implica em entender profundamente o público-alvo, criar conteúdo que ressoe com suas necessidades e estar disposto a experimentar e aprender com os resultados.

Exploraremos diversas táticas e ferramentas para fortalecer sua presença orgânica na web. Desde a criação de conteúdo relevante e de qualidade até a aplicação de estratégias de SEO e o estímulo ao engajamento autêntico nas redes sociais, cada passo será essencial para construir uma marca sólida e conectada com seu público.

O marketing orgânico não é apenas uma técnica; é uma abordagem que prioriza relações óbvias, moderadas e o desenvolvimento de comunidades engajadas. Nos capítulos a seguir, mergulharemos em práticas desenvolvidas e eficazes, mostrando como transformar seu conteúdo em um verdadeiro impulsionador de crescimento. Aqui, o foco vai além de números: trata-se de criar conexões com rigor e valor real.

Baseado na criação de conteúdo autêntico, relevante e de alto valor, ele busca atrair e engajar pessoas de forma natural, gerando confiança e fortalecendo a conexão com a audiência. É ideal para quem deseja crescer de forma sustentável, criando uma base fiel e engajada.

Essa abordagem não apenas promove um alcance qualificado, mas também contribui para o fortalecimento da autoridade e da presença online da marca. Estratégias como otimização de ***SEO***, postagens em redes sociais, parcerias estratégicas e o uso de ***storytelling*** são alguns dos elementos centrais que potencializam os resultados. Diferentemente do marketing pago, o orgânico exige mais paciência e consistência, mas seus frutos são duradouros e muito mais significativos a longo prazo.

Aplicar o **marketing orgânico** exige criatividade, análise constante e uma boa compreensão do público-alvo. Quando bem executado, ele não atrai apenas seguidores ou leads, mas cria defensores da marca, pessoas que propagam a mensagem de forma espontânea. É a escolha perfeita para quem busca não só resultados, mas um impacto real e uma conexão verdadeira com seu público.

Um exemplo de uma marca que utiliza estratégias de marketing orgânico de forma exemplar é a **Patagonia**, uma marca famosa de roupas e equipamentos para atividades ao ar livre. A **Patagonia** se destaca por criar conteúdos que reforcem seus valores, como sustentabilidade e responsabilidade

Referências:

Kotler, P., & Keller, K. L. (2016). Marketing Management. Pearson.

Godin, S. (2008). Tribes: We Need You to Lead Us. Portfolio.

Fishkin, R. (2015). Inbound Marketing and SEO: Insights from the Moz Blog. Wiley.

Chaffey, D. (2019). Digital Marketing: Strategy, Implementation, and Practice. Pearson.

Obs:

Os primeiros passos no marketing orgânico são essenciais para construir uma base sólida de presença digital. A criação de conteúdo relevante, otimização para mecanismos de busca (SEO) e o engajamento autêntico com o público ajuda a estabelecer confiança e autoridade no mercado. Diferente do marketing pago, os resultados do orgânico podem levar mais tempo para aparecer, mas tendem a ser mais duradouros e sustentáveis, criando características genuínas com os clientes.

"Quando pessoas comuns decidem fazer coisas extraordinárias, elas transformam sua vida e a vida de todos ao seu redor."
Oprah Winfrey, Ganhadora do Emmy e Apresentadora

*"Conheça o seu público,
fale a língua dele."*

*O marketing eficaz começa com
uma compreensão profunda
das necessidades e
desejos do público-alvo.*

CAPÍTULO 2:

Estratégias de Conteúdo: Plantando as Sementes do Sucesso

A Importância do Conteúdo no Marketing Orgânico

Se o marketing orgânico é um jardim, o conteúdo é a água e o sol que permitem que as plantas cresçam. Criar conteúdo de qualidade é a base de qualquer estratégia bem-sucedida de marketing orgânico. Vamos explorar como produzir conteúdo que não apenas atraia, mas também engaje e converta seu público.

Tipos de Conteúdo que Ressoam

Blog Posts: Artigos bem escritos e informativos são fundamentais para atrair tráfego orgânico. Eles devem abordar as perguntas e problemas do seu público-alvo. Pense em temas que você gostaria de pesquisar e crie conteúdo que os responda de forma abrangente.

Vídeos: O formato de vídeo continua a dominar a internet. Seja um tutorial, uma apresentação ou um vlog, vídeos podem transmitir informações de maneira envolvente. Eles são altamente compartilháveis e podem aumentar significativamente seu alcance.

Infográficos: Muitas vezes, a informação visual é mais fácil de entender e memorizar. Infográficos podem simplificar dados complexos e tornam-se recursos valiosos que as pessoas estão dispostas a compartilhar.

Podcasts: Uma forma crescente de conteúdo, os podcasts permitem que você se conecte com seu público de uma maneira mais pessoal. Conversas sobre temas relevantes em seu nicho podem estabelecer você como uma autoridade no assunto.

Redes Sociais: Publicações curtas, memes, e stories podem gerar engajamento instantâneo. Utilize essas plataformas para criar conversas e construir uma comunidade ao redor da sua marca.

Criando um Calendário de Conteúdo

Um calendário de conteúdo é uma ferramenta essencial para organizar suas ideias e garantir uma publicação consistente. Ele deve incluir:

Datas de publicação: Defina quando cada peça de conteúdo será publicada.

Temas: Escolha os temas com antecedência para garantir variedade e relevância.

Canais: Decida onde cada conteúdo será publicado (blog, redes sociais, YouTube, etc.). Um calendário bem estruturado não apenas ajuda na organização, mas também permite que você mantenha um fluxo constante de ideias e oportunidades de engajamento.

O Ciclo de Criação de Conteúdo

Pesquisa: Entenda o que seu público quer saber. Use ferramentas como **Google Trends**, **BuzzSumo** ou até mesmo as redes sociais para descobrir tópicos em alta.

Criação: Produza o conteúdo com base em suas pesquisas. Lembre-se de que a qualidade é mais importante do que a quantidade. Um conteúdo bem elaborado vale mais do que dez superficiais.

Otimização: Não se esqueça de aplicar práticas de SEO. Isso inclui o uso adequado de palavras-chave, meta descrições e links internos.

Promoção: Uma vez que o conteúdo é publicado, promova-o. Compartilhe nas redes sociais, envie newsletters e considere parcerias com influenciadores.

Análise e Ajustes: Monitore o desempenho do seu conteúdo. Use ferramentas de análise para entender o que está funcionando e o que precisa ser ajustado.

Ele permite atrair a atenção do público certo por meio de informações valiosas e relevantes. Com um planejamento estratégico e uma abordagem empática, você pode construir um "jardim" de conteúdos que eduque, inspire e resolva problemas reais.

Ao focar nas necessidades do público e oferecer valor genuíno, você estabelece confiança e fortalece o engajamento. O **marketing orgânico** prospera nesse equilíbrio entre qualidade e cria conexões autênticas.

A **HubSpot**, conhecida por suas ferramentas de automação e inbound marketing, a empresa utiliza estratégias robustas para atrair e engajar seu público. Seu blog, repleto de artigos informativos, aborda temas como marketing, vendas e atendimento ao cliente, ajudando milhões de visitantes mensalmente. Além disso, a **HubSpot** investe em materiais aprofundados, como e-**books** e **whitepapers**, oferecendo informações valiosas na troca de dados de contato.

Referências

Pulizzi, J. (2014). Epic Content Marketing: How to Tell a Different Story, Break Through the Clutter, and Win More Customers by Marketing Less. McGraw-Hill.

Karp, H. (2020). Content Strategy for the Web. New Riders.

Fishkin, R. (2018). Lost and Founder: A Painfully Honest Field Guide to the Startup World. Portfolio.

Henneberry, S. (2020). The Content Marketing Handbook. CreateSpace Independent Publishing Platform.

Obs.:

A gestão de conteúdo ao longo do ano é fundamental para manter uma comunicação contínua e eficaz com o público nas plataformas digitais. Com um planejamento bem estruturado, é possível alinhar a produção de conteúdo com as necessidades e interesses do público em cada etapa do ano, aproveitando sazonalidades e eventos importantes. Além disso, a consistência no conteúdo fortalece a presença de marca, melhora o engajamento e contribui para o desenvolvimento de uma estratégia de marketing organizada mais eficiente e alinhada com os objetivos a longo prazo.

"Conheça o seu público, fale a língua dele."

O marketing eficaz começa com uma compreensão profunda das necessidades e desejos do público-alvo.

CAPÍTULO 3:

SEO e Otimização de Conteúdo: Cultivando a Visibilidade

A Importância do SEO no Marketing Orgânico

Se o conteúdo é a planta que cresce em seu jardim, o SEO **(Search Engine Optimization)** é o solo fértil que permite que ela floresça. A otimização para mecanismos de busca é fundamental para garantir que seu conteúdo seja descoberto pelo público certo. Vamos explorar como implementar estratégias de SEO eficazes que elevem sua visibilidade orgânica.

Fundamentos do SEO

Palavras-chave: As palavras-chave são os termos que os usuários digitam nos motores de busca. É vital realizar uma pesquisa aprofundada para identificar as palavras-chave relevantes para o seu nicho. Utilize ferramentas como o **Google Keyword Planner**, **Ahrefs** ou **SEMrush** para descobrir quais palavras-chave estão gerando tráfego.

Otimização On-Page: Refere-se a práticas que você pode aplicar dentro do seu site. Isso inclui:

Títulos e Meta Descrições: Crie títulos cativantes e meta descrições que não apenas incluam palavras-chave, mas também incentivem o clique.

Estrutura de URL: URLs curtas e descritivas são mais amigáveis para SEO. Utilize palavras-chave sempre que possível.

Cabeçalhos: Use cabeçalhos (H1, H2, H3) para organizar seu conteúdo. Eles ajudam na leitura e também indicam ao Google a hierarquia da informação.

Otimização Off-Page: Esta estratégia envolve ações fora do seu site que impactam sua classificação. O principal aspecto aqui é a construção de links (link building). Links de qualidade apontando para o seu site aumentam a autoridade e a credibilidade nos motores de busca.

Experiência do Usuário (UX): Um site que oferece uma boa experiência ao usuário tem maior probabilidade de ser bem classificado. Isso inclui um design responsivo, tempos de carregamento rápidos e fácil navegação.

Conteúdo de Qualidade e SEO

Para que o SEO funcione, seu conteúdo precisa ser de qualidade. O Google prioriza conteúdo que fornece valor real aos usuários. Algumas dicas para isso:

Responda a Perguntas: Produza conteúdos que esclareçam as dúvidas mais comuns e mostrem sua autoridade no assunto. Além disso, mantenha sua base atualizada com frequência, garantindo relevância, engajamento e uma conexão mais forte com seu público.

Use Imagens e Vídeos: Recursos visuais não apenas melhoram a experiência do usuário, mas também podem ser otimizados para SEO.

Atualize Conteúdo Antigo: Revisite e atualize posts antigos para garantir que eles permaneçam relevantes e informativos.

Várias ferramentas podem auxiliar na implementação de estratégias de SEO. Algumas das mais populares incluem:

Google Analytics: Para monitorar o tráfego e entender o comportamento do usuário.

Google Search Console: Para verificar o desempenho do seu site nos resultados de busca e resolver problemas de indexação.

Yoast SEO: Um plugin para WordPress que ajuda a otimizar o conteúdo em tempo real.

O SEO (Search Engine Optimization) é um elemento fundamental no marketing orgânico, atuando como uma ponte que conecta seu conteúdo ao público certo no vasto universo digital. Mais do que usar apenas palavras-chave estratégicas, o SEO envolve otimizar a estrutura do site, produzir conteúdos relevantes e garantir uma experiência de usuário fluida e intuitiva. Ao aplicar técnicas de SEO e realizar ajustes contínuos com base em análises de desempenho, você cultivará um terreno fértil onde suas "plantas" — ou seja, suas páginas e conteúdos — não apenas crescerão, mas também florescerão em meio à intensa competição online . No próximo capítulo, mergulharemos no impacto das redes sociais como poderosas ferramentas para amplificar sua presença orgânica, fortalecer sua marca e criar conexões significativas com sua audiência.

Referências

Fishkin, R. (2015). Inbound Marketing and SEO: Insights from the Moz Blog. Wiley.

Dean, B. (2020). The Definitive Guide to SEO in 2020. Backlinko.

Cutroni, J. (2010). Google Analytics. O'Reilly Media.

Hurst, J. (2019). SEO for Growth: The Ultimate Guide for Marketers, Web Designers & Entrepreneurs. Per Capita Publishing.

Obs.:

O SEO é uma estratégia indispensável para qualquer negócio ou profissional que busca visibilidade no ambiente digital. Ele vai muito além do uso de palavras-chave, abrangendo aspectos como a qualidade do conteúdo, otimização técnica do site, tempo de carregamento das páginas e a experiência do usuário. Empresas que investem continuamente em SEO colhem resultados duradouros, com maior tráfego orgânico e melhores taxas de conversão. Vale lembrar que o SEO é uma estratégia de longo prazo, exigindo paciência e monitoramento constante para se adaptar às atualizações recorrentes dos algoritmos de busca. No contexto atual, integrá-lo com uma estratégia sólida de redes sociais pode potencializar ainda mais os resultados.

"Menos é mais."

A simplicidade no design pode transmitir mensagens de forma mais clara e impactante.

CAPÍTULO 4:

Redes Sociais e Marketing Orgânico: Amplificando a Presença da Marca

A Revolução das Redes Sociais no Marketing Orgânico

As redes sociais transformaram a forma como nos conectamos, comunicamos e consumimos informação. Elas se tornaram plataformas fundamentais para o marketing orgânico, permitindo que marcas e profissionais de marketing se envolvam com seus públicos de maneira autêntica e significativa.

Escolhendo as Plataformas Certas

Não é necessário estar presente em todas as redes sociais. O segredo está em escolher as plataformas que melhor se adequam ao seu público-alvo. Algumas das mais populares incluem:

Instagram: Ideal para conteúdo visual e engajamento com o público jovem.

Facebook: Permite uma comunicação mais direta e a criação de comunidades.

LinkedIn: LinkedIn: Focado em profissionais e negócios, é excelente para estabelecer regulamentação no seu nicho. É a única plataforma onde você consegue calcular taxas de crescimento de forma saudável, sem muito esforço.

TikTok: Crescendo rapidamente, é uma plataforma poderosa para conteúdo criativo e divertido. Segmentos como influenciadores, memes e empresas com produtos variados são destacados. Por sua natureza dinâmica e rápida, é ideal para atingir jovens públicos e engajados. Seu algoritmo favorece a viralização de conteúdo criativo, tornando-o uma ferramenta eficaz para marketing de marca e engajamento imediato.

Criando Conteúdo Relevante para Redes Sociais

Conteúdo Visual: Posts com imagens, vídeos e gráficos tendem a gerar mais engajamento. Utilize ferramentas como Canva para criar visuais atraentes.

Histórias e Lives: As histórias e transmissões ao vivo oferecem uma maneira autêntica de interagir com seu público em tempo real, humanizando a marca.

Engajamento: Não se limite a postar; interaja com seu público. Responda a comentários, faça perguntas e crie enquetes para incentivar a participação.

Conteúdo Gerado pelo Usuário: Incentive seus seguidores a compartilhar experiências relacionadas à sua marca. Isso não apenas aumenta o engajamento, mas também fornece prova social.

Construindo uma Comunidade

As redes sociais são um espaço para criar comunidades ao redor de sua marca. Isso significa:

Fomentar Discussões: Crie posts que estimulem conversas e incentivem os seguidores a compartilhar suas opiniões.

Valorizar Feedback: Mostre que você valoriza a opinião dos seus seguidores, ajustando suas estratégias com base no que eles dizem.

Análise e Ajustes

Utilize as ferramentas de análise das redes sociais para monitorar o desempenho das suas publicações. Preste atenção nas métricas de engajamento, alcance e conversões. Isso ajudará a entender o que funciona e a otimizar suas estratégias.

As redes sociais são ferramentas indispensáveis no marketing orgânico, oferecendo um canal dinâmico e acessível para marcas que estabelecem conexões autênticas e rigorosas com suas audiências. Mais do que simples plataformas de divulgação, elas permitem diálogos diretos, feedbacks instantâneos e a construção de relacionamentos baseados em confiança e valor. Um exemplo claro do poder das redes sociais pode ser visto no cenário político brasileiro, onde campanhas eleitorais alcançam milhões de pessoas por meio de conteúdos estrategicamente planejados, ampliando suas mensagens de forma orgânica. Outro caso notável é o de Pablo Marçal, que construiu uma audiência robusta e altamente engajada, utilizando as redes sociais como principal ferramenta para divulgar suas ideias e fortalecer sua marca pessoal. Ao implementar as estratégias apresentadas neste capítulo, você estará preparado para não apenas alcançar mais pessoas, mas também para cultivar uma comunidade engajada, leal e que se torne uma verdadeira defensora de sua marca.

Facebook

Maior Público Acima dos 40: Apesar de ser usado por todas as faixas etárias, o Facebook é a rede com maior concentração de usuários acima dos 40 anos, sendo ideal para atingir esse perfil demográfico.

Plataforma com o Maior Retorno em Anúncios: Para muitos negócios, os anúncios no Facebook costumam gerar o maior retorno, especialmente em vendas diretas.

Núcleo de Grupos Ativos: Os Grupos do **Facebook** são um dos poucos espaços onde o engajamento orgânico ainda é significativo, sendo excelente para criar comunidades leais.

Instagram

"Stories" Inspirado no Snapchat: Lançado em 2016, o recurso Stories foi uma resposta direta ao sucesso do Snapchat e hoje é um dos formatos mais usados, com 500 milhões de usuários diários.

Rumo ao E-commerce: Desde 2020, o Instagram tem reforçado seu foco em e-commerce com o "Shop" e as marcações de produtos nas postagens, facilitando compras diretas pela rede.

Ciclo de Tendências Visuais: O Instagram é um catalisador de tendências visuais, onde formatos como o carrossel, Reels e designs minimalistas surgem e evoluem rapidamente.

Twitter (X)

Rede para Notícias: O **X** é conhecido como a plataforma de atualização rápida, com mais de 500 milhões de tweets enviados por dia, ideal para marcas que querem interagir em tempo real.

Uso Intenso de Hashtags: As hashtags começaram no Twitter, e até hoje são essenciais para alcançar temas e públicos específicos. Tweets com uma hashtag têm em média 2x mais engajamento.

Área de SAC e Feedback: Muitas empresas utilizam o Twitter como um canal direto de atendimento ao cliente, respondendo publicamente a dúvidas e problemas.

LinkedIn

Rede Profissional Crescendo Rápido no Brasil: O Brasil é o quarto maior mercado do LinkedIn, refletindo a alta adoção da rede para networking profissional e recrutamento.

Artigos Valorizados: Publicações de artigos diretamente na plataforma têm um alcance orgânico robusto, o que ajuda especialistas a se posicionarem como referências em suas áreas.

Influência no "Social Selling": Mais de 80% dos leads de vendas B2B originados em redes sociais vêm do LinkedIn, reforçando seu valor em estratégias de prospecção.

TikTok

Primeira Rede Baseada em Vídeos Curtos: O TikTok inovou ao focar exclusivamente em vídeos curtos, o que mudou a forma como consumimos conteúdo visual online.

Impulso para Música e Memes: Músicas e memes viralizam muito rápido no TikTok, influenciando diretamente outras redes e até mesmo a indústria da música.

Alta Retenção e Engajamento: Usuários passam em média 52 minutos por dia na plataforma, consumindo vídeos curtos em sequência, o que cria uma retenção difícil de se ver em outras redes.

YouTube

Busca como o Google: O YouTube é o segundo maior mecanismo de busca do mundo, tornando-se essencial para SEO e descoberta de conteúdos.

Tutoriais e Conteúdos Educativos: Mais de 50% dos usuários recorrem ao YouTube para aprender novas habilidades, tornando-o um espaço valioso para tutoriais e informações.

Monetização com Conteúdo Longo: Vídeos de maior duração têm mais chances de monetização, pois permitem incluir múltiplos anúncios, beneficiando criadores e marcas que produzem conteúdos aprofundados.

Referências

Diniz, E. H. (2018). Marketing Digital: O Novo Marketing e suas Estratégias. Editora Saraiva.

Ribeiro, L. (2019). A Arte do Marketing Digital: Como Usar as Mídias Sociais para Impulsionar o Seu Negócio. Editora Alta Books.

Figueiredo, L. (2020). Marketing de Conteúdo: Como Criar Conteúdo Que Constrói Relacionamentos e Vende. Editora Voo.

Furlan, R. (2021). Instagram Para Negócios: O Guia Completo para Alavancar Seu Negócio. Editora Gente.

Notas 1:

....

....

....

....

....

....

....

....

....

Notas 2:

....

....

....

....

....

....

....

....

....

Notas 3:

....

....

....

....

....

....

....

....

....

"Conteúdo é rei,
mas o design é o trono."

Um bom conteúdo precisa de um design atraente para alcançar seu potencial máximo.

CAPÍTULO 5:

Email Marketing: Nutrindo Relacionamentos e Fomentando Conversões

O Poder do Email Marketing no Cenário Atual

O email marketing continua sendo uma das ferramentas mais eficazes no marketing orgânico. Em um mundo onde as redes sociais estão em constante mudança, o email oferece uma comunicação direta e personalizada com seu público. Vamos explorar como utilizar essa estratégia para cultivar relacionamentos duradouros e fomentar conversões.

Construindo uma Lista de Emails Qualificada

Opt-in: Sempre busque o consentimento dos usuários antes de adicionar seus emails à sua lista. Isso não só é legal, mas também garante que você esteja se comunicando com pessoas genuinamente interessadas em seu conteúdo.

Iscas Digitais: Ofereça algo de valor, como um e-book, um desconto ou um curso gratuito em troca do email do usuário. Essa estratégia tem se mostrado muito eficaz no Brasil, especialmente em lançamentos de produtos e serviços.

Segmentação: Divida sua lista em segmentos com base em interesses, comportamento ou demografia. Isso permite que você envie mensagens mais relevantes e personalizadas, aumentando as taxas de abertura e conversão.

Criando Conteúdo Engajador para Emails

Assunto Cativante: O título do seu email é a primeira coisa que o usuário verá. Crie assuntos curtos e intrigantes que incentivem a abertura.

Personalização: Utilize o nome do destinatário e referências a interações anteriores. Isso ajuda a criar um sentimento de proximidade.

Valor no Conteúdo: Garanta que cada email entregue valor, seja através de informações úteis, promoções exclusivas ou conteúdos relevantes.

Call to Action (CTA): Cada email deve ter um objetivo claro, e o CTA deve ser evidente. Seja para ler um blog post, participar de um evento ou fazer uma compra, deixe claro o que você deseja que o leitor faça.

Análise de Resultados

Utilize ferramentas de análise para monitorar o desempenho de suas campanhas de email marketing. Avalie métricas como taxas de abertura, cliques e conversões. No Brasil, por exemplo, estudos mostram que empresas que segmentam suas listas de email obtêm resultados significativamente melhores em comparação com aquelas que não o fazem.

Exemplo de Sucesso

Um exemplo notável de sucesso em email marketing no Brasil é o case da **Magazine Luiza**. Durante a pandemia, a empresa adotou uma estratégia de email marketing altamente segmentada, oferecendo conteúdos personalizados e promoções exclusivas para seus clientes. Isso não apenas fortaleceu o relacionamento com os consumidores, mas também resultou em um aumento significativo nas vendas online.

O e-mail marketing continua sendo uma das ferramentas mais poderosas e diretas no arsenal do marketing digital. Quando bem planejado e executado, ele vai muito além do envio de mensagens promocionais, tornando-se um canal estratégico para nutrir relacionamentos, educar o público e investir de forma consistente. Um exemplo moderno é a estratégia da **Netflix**, que utiliza e-mails personalizados para sugerir séries e filmes com base no histórico de visualização dos usuários, mantendo o público engajado e retornando à plataforma regularmente.

Da mesma forma, grandes marcas e empreendedores utilizam o e-mail marketing para segmentar audiências, personalizar mensagens e oferecer conteúdo de valor, criando assim uma relação de confiança com seus inscritos. Ao aplicar as estratégias abordadas neste capítulo, você poderá alterar sua lista de e-mails em uma comunidade engajada, leal e pronto para agir a cada mensagem recebida.

Referências

Faria, J. (2020). Email Marketing: Estratégias e Boas Práticas para Negócios. Editora Senac São Paulo.

Oliveira, L. (2021). Email Marketing: Como Criar Campanhas de Sucesso no Brasil. Editora Évora.

Silva, R. (2022). "O Impacto da Segmentação no Email Marketing: Resultados de Estudo de Caso". Revista Brasileira de Marketing Digital.

Vargas, T. (2023). "Magazine Luiza e a Revolução do Varejo Online Durante a Pandemia". Jornal do Comércio.

"O branding não é apenas um logotipo; é a experiência completa."

Marcas consistentes têm uma identidade visual e verbal clara, refletida em cada interação com o cliente.

CAPÍTULO 6:

Conteúdo e Storytelling: A Arte de Conectar e Engajar

A Importância do Conteúdo no Marketing Orgânico

Em um cenário saturado de informações, o conteúdo é o diferencial que pode destacar sua marca. Não se trata apenas de vender, mas de contar histórias que ressoem com seu público-alvo. O storytelling transforma informações em narrativas que capturam a atenção e geram conexão emocional.

Elementos do Storytelling Eficaz

Personagens Relacionáveis: Suas histórias devem incluir personagens que o público possa reconhecer ou se identificar. No Brasil, marcas como a Havaianas têm usado personagens como a "menina do Brasil", que representa o espírito brasileiro, tornando suas campanhas mais memoráveis.

Conflito e Resolução: Toda boa história tem um conflito que precisa ser resolvido. Identifique as dores e desafios do seu público e mostre como sua marca pode ajudá-los a superá-los.

Autenticidade: A autenticidade é crucial no storytelling. O público valoriza histórias verdadeiras e transparentes. Um exemplo disso é a campanha da Coca-Cola, que destacou histórias de consumidores brasileiros durante a pandemia, mostrando como a marca estava presente em momentos significativos.

Chamada à Ação: No final de sua história, inclua uma chamada à ação que leve seu público a interagir com sua marca, seja seguindo suas redes sociais, se inscrevendo em uma newsletter ou realizando uma compra.

Criando Conteúdo Relevante e Consistente

Pesquisa de Público: Conhecer seu público-alvo é essencial para criar conteúdo relevante. Utilize ferramentas como o Google Trends e as métricas das redes sociais para entender o que interessa a eles.

Calendário Editorial: Desenvolva um calendário editorial para garantir que você esteja produzindo e distribuindo conteúdo de forma consistente. Isso não apenas ajuda na organização, mas também mantém sua audiência engajada.

Diversidade de Formatos: Explore diferentes formatos de conteúdo, como blogs, vídeos, infográficos e podcasts. Cada formato pode alcançar diferentes segmentos do seu público.

Exemplos de Sucesso no Brasil

Um ótimo exemplo de storytelling no Brasil é a campanha "Juntos, somos mais fortes" da Itaú, que destacou histórias de solidariedade e superação durante momentos difíceis. Essa campanha não apenas promoveu o banco, mas também gerou um sentimento de união entre os brasileiros.

Outro exemplo é a Natura, que utiliza storytelling em suas campanhas para falar sobre sustentabilidade e a conexão com a natureza, engajando seu público em valores que vão além da compra de produtos.

O conteúdo e o storytelling são peças-chave para criar conexões emocionais e rigorosas com seu público. Mais do que apenas transmitir informações, contar histórias históricas e envolventes permite que sua marca se torne específica, gerando identificação e confiança no público. Um exemplo moderno é a estratégia da **Coca-Cola**, que frequentemente utiliza campanhas emocionais, como as histórias de união e celebradas em suas propagandas de Natal.

Essas narrativas não apenas promovem o produto, mas também criam uma ligação afetiva com os consumidores. Ao aplicar as técnicas abordadas neste capítulo, você poderá não apenas atrair novos clientes, mas também fidelizar os existentes, transformando-os em verdadeiros embaixadores de sua marca.

Obs.:

Contar histórias é tipo aquela tia no almoço de domingo que sabe contar uma história tão boa que todo mundo esquece até de comer. Se você conseguir capturar a atenção da sua audiência assim, parabéns, você venceu o marketing!

Referências

Mazzon, J. A. (2021). Storytelling e Marketing: A Construção de Marcas por Meio de Narrativas. Editora FGV.

Ribeiro, A. (2020). A Importância do Conteúdo na Era Digital: Estratégias para Engajamento e Conversão. Editora Saraiva.

Silva, P. (2022). "O Poder do Storytelling nas Marcas Brasileiras: Um Estudo de Caso". Revista Brasileira de Marketing.

Almeida, R. (2023). "Como as Empresas Brasileiras Estão Usando Storytelling Para Aumentar suas Vendas". Jornal do Brasil.

"Testar e ajustar é essencial."

No marketing, é preciso constantemente avaliar e ajustar as estratégias com base nos dados e resultados.

CAPÍTULO 7:

Marketing de Influência: Construindo Credibilidade e Alcançando Novos Públicos

A Ascensão do Marketing de Influência

Nos últimos anos, o marketing de influência ganhou destaque como uma estratégia eficaz para alcançar novos públicos e construir credibilidade de marca. Influenciadores digitais se tornaram vozes poderosas em suas comunidades, e suas recomendações podem ter um impacto significativo nas decisões de compra.

Escolhendo os Influenciadores Certos

Alinhamento de Valores: Ao escolher influenciadores para sua campanha, é crucial que seus valores e sua esté-tica estejam alinhados com os da sua marca. Por exemplo, a marca de cosméticos Eudora tem colaborado com influenciadores que promovem a autoestima e a aceitação da diversidade, reforçando sua mensagem.

Engajamento vs. Número de Seguidores: Focar apenas no número de seguidores pode ser enganoso. Às vezes, influenciadores com uma base de seguidores menor, mas altamente engajada, podem trazer melhores resultados. Um exemplo é a influenciadora Thaynara OG, que, com seu conteúdo autêntico e próximo, gerou campanhas de sucesso mesmo com menos seguidores que outras gran-des figuras.

Nicho de Mercado: Influenciadores que atuam em nichos específicos podem ajudar a atingir um público mais segmentado. A marca **Havaianas**, por exemplo, tem colaborado com influenciadores do segmento de moda e **lifestyle**, expandindo seu alcance em comunidades específicas.

Desenvolvendo Campanhas de Influência Eficazes

Transparência e Autenticidade: As campanhas de marketing de influência devem ser transparentes. Assegure-se de que os influenciadores deixem claro quando estão promovendo um produto, isso ajuda a manter a confiança do público.

Criatividade na Execução: Ofereça liberdade criativa aos influenciadores. Eles conhecem seu público melhor do que ninguém e, muitas vezes, suas ideias podem trazer um frescor à sua campanha.

Medição de Resultados: Após a campanha, analise seu desempenho através de métricas como alcance, engajamento e conversões. Essa análise é essencial para ajustar suas futuras estratégias de marketing de influência.

Exemplos de Sucesso no Brasil

A **Natura** é um exemplo brilhante de como utilizar o marketing de influência. A marca frequentemente se associa a influenciadores que compartilham valores de sustentabilidade e conexão com a natureza, o que reforça sua imagem de marca consciente.

Outro case interessante é da **Coca-Cola**, que, durante a Copa do Mundo de 2018, se associou a influenciadores para promover sua campanha "**#ForTheWin**", gerando um grande engajamento nas redes sociais e fortalecendo a conexão da marca com os torcedores.

O marketing de influência é uma poderosa ferramenta no arsenal do marketing orgânico. Ao selecionar os influenciadores certos e desenvolver campanhas autênticas, você pode alcançar novos públicos e fortalecer sua marca. No próximo capítulo, abordaremos a importância do SEO local e como ele pode beneficiar pequenos negócios.

Bônus:

Um dos maiores cases de sucesso de marketing de influência no Brasil é, sem dúvida, uma parceria entre a marca de beleza **O Boticário** e influenciadores digitais . A empresa utilizou estrategicamente criadores de conteúdo para promover novos produtos e campanhas sazonais, alcançando milhões de pessoas de forma autêntica e envolvente.

A campanha "**Dia dos Namorados**", por exemplo, se destacou ao contar com influenciadores de diversos nichos, que compartilham suas **experiências reais** com os produtos, criando uma conexão emocional com seus seguidores. A marca conseguiu unir narrativa envolvente, **diversidade e alinhamento de valores**, resultando em um aumento significativo nas vendas e uma forte presença digital.

Esse caso mostra como uma estratégia bem estruturada, com **influenciadores alinhados** ao propósito da marca, pode ir muito além da simples divulgação, transformando seguidores em clientes legítimos e defensores da marca.

Referências

Santos, L. (2022). Marketing de Influência: Como Usar Influenciadores para Alavancar Seus Negócios. Editora Alta Books.

Costa, R. (2021). "O Impacto do Marketing de Influência no Comportamento do Consumidor". Revista Brasileira de Marketing.

Ferreira, T. (2023). "Estudo de Caso: O Sucesso das Campanhas de Influência da Natura". Jornal do Comércio.

Lima, M. (2020). "Marketing de Influência: Uma Nova Era na Publicidade". Revista Exame.

Influenciadores não apenas analisam opiniões, eles moldam percepções e constroem realidades.

CAPÍTULO 8:

SEO Local: Conquistando o Consumidor da Sua Região

A Relevância do SEO Local no Cenário Atual

Com a crescente utilização de dispositivos móveis e a busca por produtos e serviços nas proximidades, o SEO local se tornou uma estratégia fundamental para negócios que desejam se destacar em sua região.

Otimizando seu Site para Busca Local

Palavras-chave Locais: Inclua palavras-chave relevantes que incluam sua localização, como "**restaurante em São Paulo**" ou "serviços de encanamento em Belo Horizonte". Ferramentas como o **Google Keyword Planner** podem ajudar na identificação dessas palavras-chave.

Google Meu Negócio: Criar e otimizar sua ficha no Google Meu Negócio é essencial. Isso garante que sua empresa apareça nas pesquisas locais e no **Google Maps**. É uma forma eficaz de se conectar com clientes em potencial que buscam serviços em sua área. Além disso, as avaliações dos clientes no Google têm um impacto direto na sua empresa. Essas **avaliações** influenciam significativamente as decisões de compra, uma vez que muitas pessoas podem definir as opiniões de outros clientes antes de escolherem um serviço ou produto.

Avaliações e Feedback: Incentive seus clientes a deixarem avaliações e feedbacks. Estudos mostram que empresas com boas avaliações tendem a ter um aumento nas visitas e nas conversões. No Brasil, a **Magazine Luiza** tem utilizado ativamente as avaliações dos clientes para se destacar em pesquisas locais.

Conteúdo Localizado e Estratégias de Link Building

Blog com Conteúdo Local: Crie conteúdo que aborde temas relevantes para a sua comunidade. Isso pode incluir eventos locais, dicas de atividades na região ou histórias de clientes. Isso não apenas melhora seu SEO local, mas também estabelece sua marca como uma autoridade na área.

Parcerias com Negócios Locais: Forme parcerias com outros negócios locais para troca de links. Isso pode aumentar sua visibilidade online e ajudar na construção de uma rede de apoio entre empresas da sua região.

Redes Sociais: Utilize suas redes sociais para promover sua presença local. Publique conteúdo que ressoe com a comunidade e incentive o engajamento.

Exemplo de Sucesso no Brasil

Um exemplo notável de sucesso em SEO local no Brasil é a Pague Menos, uma rede de farmácias que tem se destacado por sua estratégia de SEO local. A empresa utiliza palavras-chave locais em sua comunicação digital e promove avaliações positivas em sua página do Google Meu Negócio, resultando em um aumento significativo nas vendas em lojas físicas.

O SEO local é uma estratégia vital para empresas que buscam conquistar clientes na sua região. Ao otimizar sua presença online e criar conteúdo relevante, você pode aumentar sua visibilidade e atrair novos clientes. No próximo capítulo, vamos discutir a importância das redes sociais e como utilizá-las para fortalecer sua estratégia de marketing orgânico.

Bônus

Um dos maiores cases de sucesso de SEO no Brasil é o da empresa Magazine Luiza (Magalu) . A gigante do varejo investiu pesadamente em estratégias de otimização para mecanismos de busca, transformando seu site em uma verdadeira referência de SEO no comércio eletrônico.

O **Magalu** focou em criar conteúdo relevante e otimizado, com questões específicas de produtos, palavras-chave estratégicas e uma experiência de navegação intuitiva. Além disso, a empresa implementou técnicas avançadas de SEO técnico , como melhorias no tempo de carregamento das páginas, adaptação para dispositivos móveis e URLs otimizadas.

Outro ponto chave foi a criação do Blog da Lu , que oferece dicas, tutoriais e informações sobre produtos, treinando o financiamento orgânico e fortalecendo a autoridade do domínio no Google. O resultado? Um aumento expressivo no tráfego orgânico, maior visibilidade nos principais mecanismos de busca e, consequentemente, mais vendas online. Esse caso reforça como uma estratégia bem planejada de SEO pode transformar não apenas a presença digital, mas também os resultados financeiros de uma empresa.

Referências

Lima, J. (2021). SEO Local: Estratégias Práticas para Aumentar sua Visibilidade na Região. Editora Campus.

Ferreira, R. (2022). "O Impacto do SEO Local nas Vendas de Empresas Brasileiras". Revista Brasileira de Marketing Digital.

Souza, A. (2023). "Google Meu Negócio: A Ferramenta Essencial para o Sucesso Local". Jornal do Comércio.

Almeida, T. (2020). "Marketing Digital Local: Um Guia para Pequenos Negócios". Revista Exame.

Seu próximo nível começa com uma decisão. Qual será a sua?

CAPÍTULO 9:

Redes Sociais: Conectando-se com o Público e Construindo Relacionamentos

A Revolução das Redes Sociais no Marketing

As redes sociais transformaram a forma como as marcas se comunicam com seus consumidores. Hoje, não se trata apenas de divulgação, mas de criar relacionamentos significativos e engajamento. Vamos explorar como utilizar as redes sociais de forma estratégica para impulsionar seu marketing orgânico.

Escolhendo as Plataformas Certas

Conheça seu Público-Alvo: Diferentes plataformas atraem diferentes públicos. O **Instagram** é ideal para marcas visuais, enquanto o **LinkedIn** é mais apropriado para o **networking** profissional. A **Ambev**, por exemplo, utiliza o **Instagram** para engajar um público jovem com conteúdos criativos, enquanto se destaca no **LinkedIn** com conteúdo corporativo.

Conteúdo Adaptado: Cada plataforma tem suas particularidades. O que funciona no **Facebook** pode não ser eficaz no **Twitter**. Desenvolva uma estratégia de conteúdo específica para cada rede social, considerando o formato e a linguagem.

Monitoramento de Tendências: Mantenha-se atualizado sobre as tendências de cada plataforma. Ferramentas como o **Google Trends** e o próprio **Analytics** das redes sociais podem fornecer **insights** valiosos sobre o que está em alta.

Estratégias de Conteúdo para Redes Sociais

Conteúdo Visual: Imagens e vídeos geram mais engajamento do que textos longos. Utilize ferramentas como Canva para criar gráficos atraentes e vídeos curtos que chamem a atenção do seu público.

Interação e Engajamento: Responda a comentários, crie enquetes e promova discussões. Quanto mais você se envolve com seu público, maior será a lealdade à sua marca. A Brastemp é um exemplo de marca que interage ativamente com seus seguidores, criando um relacionamento próximo e engajado.

Os **conteúdos colaborativos** são uma estratégia poderosa para ampliar seu alcance e conquistar novas audiências. Parcerias com influenciadores, criadores de conteúdo ou até outras marcas permitem unir forças, combinando públicos e criando campanhas autênticas e impactantes. Um exemplo moderno é a colaboração entre a Nike e influenciadores do fitness, que não apenas promovem produtos, mas também acompanham rotinas de treino, dicas de saúde e histórias de renovação. Esse tipo de conteúdo gera confiança, engajamento e uma conexão mais próxima com o público. Ao aplicar as estratégias abordadas neste capítulo, você poderá explorar todo o potencial das colaborações para fortalecer sua presença digital e alcançar novos patamares.

Exemplos de Sucesso no Brasil

A Netflix Brasil é um exemplo notável de como utilizar redes sociais para engajar o público. Com um tom descontraído e humorístico, a marca tem conquistado seguidores, promovendo interações criativas que geram discussões e compartilhamentos.

Outra marca que se destacou nas redes sociais é a Guaraná Antarctica, que utiliza campanhas que exploram a cultura brasileira e eventos locais, conectando-se profundamente com seu público-alvo.

As redes sociais são uma ferramenta poderosa para construir relacionamentos e engajar seu público. Ao escolher as plataformas certas e desenvolver uma estratégia de conteúdo eficaz, você pode fortalecer sua presença online e impulsionar seu marketing orgânico. No próximo capítulo, abordaremos a importância da análise de dados e métricas para otimizar suas estratégias de marketing.

Referências
Almeida, F. (2022). Marketing em Redes Sociais: Estratégias para Conectar e Engajar. Editora Estação das Letras.
Martins, R. (2021). "O Papel das Redes Sociais no Marketing Digital Brasileiro". Revista Brasileira de Marketing Digital.
Oliveira, J. (2023). "Estudo de Caso: Como a Netflix Brasil Revolucionou o Engajamento nas Redes". Jornal do Brasil.
Costa, L. (2020). "Construindo Relacionamentos nas Redes Sociais: O Caso da Brastemp". Revista Exame.

Obs.:

As redes sociais se transformaram completamente de maneira que as empresas se conectam com seu público e posicionam suas marcas no mercado. Eles verificaram uma plataforma onde as marcas podem ser mais autênticas e construir uma relação direta com seus consumidores. O impacto das redes sociais vai muito além da visibilidade; elas geraram uma mudança na forma de fazer negócios, impulsionando o marketing de conteúdo, o atendimento ao cliente, a personalização da experiência e até as vendas diretas.

Um exemplo poderoso desse impacto é a marca ***Glossier****, uma empresa de cosméticos que conquistou o sucesso rapidamente, em grande parte, devido à sua presença forte no Instagram e em outras redes sociais. A Glossier não utiliza apenas as plataformas para divulgar seus produtos, mas também cultiva uma comunidade engajada, onde os próprios clientes apresentam conteúdo, conectam suas experiências e até influenciam o desenvolvimento de novos produtos. Isso cria um ciclo virtuoso de engajamento, feedback e lealdade que é impulsionado por suas interações nas redes sociais.*

*Redes sociais não
são apenas plataformas,
são os novos espaços onde
nossa voz se transforma
em ação e influência.*

CAPÍTULO 10:

Análise de Dados e Métricas: Tomando Decisões Baseadas em Informações

A Importância da Análise de Dados no Marketing

No mundo do marketing digital, a coleta e a análise de dados são essenciais para a tomada de decisões informadas. Este capítulo se concentra em como você pode utilizar métricas para otimizar suas campanhas e alcançar melhores resultados. A análise de dados permite identificar o que funciona e o que precisa ser ajustado, maximizando o retorno sobre o investimento (ROI).

Principais Métricas a Serem Monitoradas

Métricas de Tráfego: Ferramentas como Google Analytics permitem que você monitore o tráfego do seu site, incluindo o número de visitantes, as páginas mais acessadas e a taxa de rejeição. Esses dados ajudam a entender quais conteúdos atraem mais visitantes.

Taxa de Conversão: Medir a taxa de conversão é crucial para saber quantos visitantes se tornam clientes. Utilize testes A/B para experimentar diferentes abordagens e identificar quais delas trazem melhores resultados.

Engajamento em Redes Sociais: Analise o desempenho das suas postagens, observando métricas como curtidas, comentários, compartilhamentos e até salvamentos. Esses dados fornecem insights valiosos sobre o que ressoa com seu público, permitindo ajustar sua estratégia, criar conteúdos mais relevantes e fortalecer sua conexão com a audiência. Além disso, interagir com os seguidores em tempo hábil demonstra atenção e cria um senso de comunidade.

A Importância do Feedback do Consumidor

Pesquisas e Questionários: Realizar pesquisas de satisfação pode fornecer informações valiosas sobre a experiência do cliente. Pergunte o que eles gostaram e o que pode ser melhorado. Empresas como a **Ambev** frequentemente utilizam **feedbacks** para aprimorar produtos e serviços.

Monitoramento de Avaliações: Acompanhe as avaliações e comentários em plataformas como **Google Meu Negócio** e redes sociais. Responder ativamente a esses comentários não só melhora a reputação da sua marca, mas também mostra que você se preocupa com a opinião dos clientes.

Exemplos de Sucesso

O **Magazine Luiza** usa dados de compras para personalizar ofertas e antecipar as necessidades dos clientes, com um sistema preditivo que aumentou as vendas. Já o **Nubank** utiliza análise de dados para entender o comportamento de seus clientes, criando ofertas personalizadas, como propostas de crédito ajustadas ao perfil de cada usuário. Ambos os casos ilustram como a análise de dados pode transformar estratégias de marketing, melhorando a experiência do cliente e impulsionando as vendas.

A Natura também se destaca no uso de dados para desenvolver novas linhas de produtos, sempre alinhando-se às expectativas e desejos de seus clientes. Através de pesquisas de mercado e análise de feedback, a empresa consegue inovar de forma assertiva e satisfatória.

A análise de dados e métricas é uma parte fundamental de qualquer estratégia de marketing. Ao entender seu público e monitorar seu desempenho, você pode tomar decisões mais informadas e otimizar suas campanhas para alcançar melhores resultados.

Obs.:

Analisar dados no marketing é como dirigir com o auxílio do retrovisor e do GPS: você pode não prever o futuro, mas consegue evitar erros e ajustar o caminho com mais precisão. Quanto mais você entende sobre o comportamento e as necessidades do seu público, mais assertiva será sua estratégia, levando sua mensagem exatamente onde ela precisa chegar!

Referências

Silva, T. (2022). Data Driven Marketing: Como Tomar Decisões Baseadas em Dados. Editora Nova Fronteira.

Costa, P. (2021). "A Revolução da Análise de Dados no Marketing Digital Brasileiro". Revista Brasileira de Marketing.

Lima, F. (2023). "Estudo de Caso: A Estratégia de Dados da Magazine Luiza". Jornal do Comércio.

Almeida, R. (2020). "Feedback do Consumidor: A Chave para a Inovação em Empresas Brasileiras". Revista Exame.

Os dados são a
linguagem do futuro;
quem os entende,
molda o amanhã.

CAPÍTULO 11:

Storytelling: A Arte de Contar Histórias que Conectam

O Poder do Storytelling no Marketing

Em um mundo saturado de informações e mensagens publicitárias, contar uma boa história se tornou uma das estratégias mais eficazes para se conectar com o público. O storytelling não é apenas sobre vender um produto; é sobre criar uma narrativa que envolva, emocione e faça o consumidor se identificar com a sua marca. Neste capítulo, vamos explorar como você pode utilizar o storytelling para fortalecer sua estratégia de marketing orgânico.

Elementos Essenciais de uma Boa História

Personagens Relacionáveis: Uma boa história tem protagonistas que o público pode identificar. Seja uma pessoa real ou um personagem fictício, a relação emocional que o público estabelece é crucial. Por exemplo, a Ifood frequentemente apresenta personagens em suas campanhas que refletem a diversidade e a vida cotidiana dos brasileiros, o que ressoa fortemente com sua audiência.

Conflito e Resolução: Todo enredo envolve um conflito que precisa ser resolvido. Mostre como seu produto ou serviço pode ajudar a superar um desafio. A Natura, por exemplo, utiliza narrativas que abordam questões sociais e ambientais, mostrando como seus produtos contribuem para um mundo melhor.

Autenticidade: As histórias devem ser genuínas e refletir os valores da sua marca. Histórias autênticas geram confiança e lealdade. Um exemplo disso é a Havaianas, que frequentemente compartilha histórias sobre a cultura brasileira e a essência de seus produtos, criando uma conexão emocional com os consumidores.

Como Implementar o Storytelling em sua Estratégia

Conteúdo Visual: Utilize imagens e vídeos para contar sua história. Uma boa imagem pode transmitir emoções e mensagens que palavras sozinhas não conseguem. Campanhas como a da Coca-Cola, que exalta momentos de felicidade e união, são exemplos de como o visual pode fortalecer a narrativa.

Plataformas de Compartilhamento: Escolha as plataformas adequadas para contar sua história. O Instagram, com seu foco em conteúdo visual, é excelente para narrativas curtas e impactantes, enquanto o YouTube permite contar histórias mais longas e detalhadas.

Interação com o Público: Encoraje seu público a compartilhar suas próprias histórias relacionadas à sua marca. Essa interação não só aumenta o engajamento, mas também cria uma comunidade em torno de sua marca.

Exemplos de Sucesso

A Coca-Cola Brasil é um exemplo brilhante de storytelling. Com campanhas como "Abra a Felicidade", a marca vai além de vender refrigerantes; ela vende experiências e cria momentos de alegria e conexão entre as pessoas. Através de suas histórias, ela transforma simples gestos cotidianos em momentos de celebração, tornando-se parte da memória emocional de seus consumidores.

Outro exemplo notável é o Banco do Brasil, que lançou a campanha "A Conquista é Sua", contando histórias inspiradoras de clientes que superaram desafios financeiros com a ajuda da instituição. Essas narrativas não só promovem produtos, mas também refletem os valores e a missão da marca.

O **storytelling** é uma ferramenta extremamente poderosa no marketing, pois tem o potencial de criar conexões emocionais profundas com seu público. Ao contar histórias autênticas, relevantes e homologadas aos valores de sua marca, você não está apenas vendendo um produto, mas compartilhando uma experiência que ressoa com as emoções e necessidades de seu consumidor.

Essas histórias têm o poder de humanizar a sua marca, tornando-a mais acessível e próxima do público, e transformando transações em relacionamentos íntimos. Quando bem executada, a narrativa não só conquista clientes, mas os transforma em defensores fiéis de sua marca, criando um impacto que vai além da simples venda.

Obs.:

Storytelling no marketing é como aquele amigo que consegue transformar um dia comum em uma aventura épica. Se você contar sua história da maneira certa, não estará apenas vendendo um produto, mas criando uma jornada que as pessoas querem fazer parte. Afinal, quem não ama um bom conto, especialmente quando ele inclui uma oferta irresistível no final?

Referências

Silva, M. (2022). Storytelling: O Poder das Histórias no Marketing Moderno. Editora Almedina.

Gomes, R. (2021). "A Influência do Storytelling nas Marcas Brasileiras". Revista Brasileira de Comunicação.

Almeida, T. (2023). "Campanhas de Sucesso: A Arte de Contar Histórias no Marketing". Jornal do Brasil.

Freitas, P. (2020). "Como as Empresas Estão Usando Storytelling para Criar Conexões". Revista Exame.

*Marketing não é apenas
vender um produto,
é contar uma história
que conecta,
emociona e transforma
clientes em
verdadeiros defensores
de sua marca.*

CAPÍTULO 12:

Construindo Comunidade: O Poder da Conexão em Torno da Sua Marca

O Que É Construção de Comunidade?

Construir uma comunidade em torno de sua marca vai além de simplesmente conquistar clientes. Trata-se de criar um espaço onde as pessoas se conectam, compartilham experiências e se sentem parte de algo maior. Comunidades engajadas podem ser um ativo valioso, pois promovem a lealdade à marca e o marketing boca a boca. Neste capítulo, vamos explorar como cultivar essa comunidade e como isso impacta seu marketing orgânico.

A Importância da Comunidade para Marcas

Fidelização de Clientes: Comunidades fortes incentivam a lealdade à marca. Quando os consumidores se sentem parte de uma comunidade, eles são mais propensos a se tornarem clientes fiéis. A Natura é um exemplo, com suas consultoras de beleza que não apenas vendem produtos, mas também compartilham valores e experiências, criando um laço emocional.

Feedback Valioso: Uma comunidade ativa pode fornecer feedback importante sobre seus produtos e serviços. Isso ajuda a adaptar sua oferta às necessidades e desejos dos consumidores. O Magazine Luiza frequentemente interage com seus clientes em redes sociais, coletando opiniões e sugestões que guiam inovações e melhorias.

Promoção Orgânica: Quando os membros de uma comunidade se sentem conectados à sua marca, eles tendem a compartilhar suas experiências, promovendo sua marca de forma orgânica. O Ifood aproveita isso ao incentivar os usuários a compartilharem suas experiências nas redes sociais, criando um efeito viral em suas campanhas.

Como Construir sua Comunidade

Criação de Conteúdo Relevante: Forneça conteúdo que ressoe com sua audiência. Isso pode incluir artigos, vídeos, podcasts e postagens em redes sociais que abordem temas de interesse comum. A **Cervejaria Colorado** utiliza suas redes sociais para discutir questões de sustentabilidade e ingredientes, conectando-se profundamente com os consumidores que valorizam essas práticas.

Eventos e Interações: Realize eventos, webinars ou encontros que permitam que os membros da comunidade se conheçam e interajam. A **Havaianas** frequentemente promove eventos de moda e cultura, fortalecendo sua comunidade e criando um espaço para experiências compartilhadas.

Programas de Fidelidade e Recompensas: Oferecer incentivos aos membros da comunidade, como programas de fidelidade ou recompensas, pode aumentar significativamente o engajamento. O **Banco Inter** é um exemplo de sucesso, utilizando estratégias de gamificação para tornar a experiência mais interativa e gratificante. Ao transformar ações cotidianas em oportunidades para ganhar recompensas, a marca não só fideliza seus clientes, mas também os motiva a interagir constantemente com a plataforma. Isso cria uma relação de troca, onde o cliente se sente valorizado e a marca se torna parte de sua rotina.

Exemplos de Sucesso

A **Drogaria São Paulo** é um exemplo notável de construção de comunidade. Através de suas redes sociais, a empresa não apenas promove produtos, mas também compartilha dicas de saúde e bem-estar, criando um espaço onde os consumidores podem se informar e interagir.

Outro exemplo é a **Ambev**, que investe em iniciativas de sustentabilidade e responsabilidade social, envolvendo seus consumidores em ações comunitárias. Isso não só fortalece sua imagem de marca, mas também conecta pessoas em torno de causas comuns.

Construir uma comunidade em torno da sua marca é um investimento que pode trazer retornos significativos. Ao fomentar conexões autênticas e fornecer valor ao seu público, você não apenas fortalece sua base de clientes, mas também transforma esses clientes em defensores da sua marca. Com uma comunidade forte, seu marketing orgânico se torna mais eficaz e impactante.

Reflexão Final sobre Marketing Orgânico

À medida que concluímos este livro, lembre-se de que o marketing orgânico é uma jornada contínua. Ao implementar as estratégias discutidas, você estará no caminho certo para criar uma presença autêntica e duradoura no mercado.

Referências

Rocha, L. (2022). Construindo Comunidades: O Futuro do Marketing de Relacionamento. Editora Letras e Livros.

Santos, M. (2021). "A Comunidade como Estratégia de Marketing: Casos de Sucesso no Brasil". Revista Brasileira de Marketing.

Almeida, F. (2023). "A Importância das Comunidades de Marca". Jornal do Comércio.

Lima, R. (2020). "Como Marcas Brasileiras Estão Criando Comunidades Engajadas". Revista Exame.

BÔNUS:

Por que chamamos as pessoas de criativas e as empresas de inovadoras? A inovação surge a partir de pequenas atitudes e momentos de excelência. Para mim, inovação e criatividade são a mesma coisa, pois são as pessoas dentro da empresa que inovam.

É essencial pensar de forma inovadora todos os dias e em todos os momentos. A transformação é fundamental, mas é importante ter cuidado para não se limitar a um único formato. Evite dogmas na criação e busque ter uma visão ampla e segura.

O planejamento é crucial para expandir a visão sobre os problemas. Não desista do sucesso, pois quanto mais você se dedica ao trabalho, mais fácil cada etapa se torna.

Pense como uma criança, pois elas não têm medo de errar. Elas agem e pensam sem receio de julgamentos, muitas vezes sem nem entender o que isso significa. São intuitivas, livres de preconceitos e corajosas. Acredito que qualquer pessoa pode cultivar uma boa dose de criatividade.

Um sonho é a sua visão criativa sobre o futuro. Para realizá-lo, é necessário sair da zona de conforto e se sentir à vontade com o desconhecido e o novo.

Notas 1:

....

....

....

....

....

....

....

....

....

Notas 2:

....

....

....

....

....

....

....

....

....

Notas 3:

....

....

....

....

....

....

....

....

....

Seja a mudança que
você quer ver
no mundo
ou no seu feed

CAPÍTULO 13:

Explorando o Hotmart: Monetização e Crescimento Orgânico no Marketing Digital

O **Hotmart** como uma ferramenta poderosa para monetização e crescimento orgânico de conteúdo digital. O foco será mostrar como a plataforma permite a criadores e empreendedores digitais monetizar seu conhecimento de forma sustentável, enquanto constroem comunidades engajadas.

Introdução ao Hotmart

Breve introdução sobre o **Hotmart** como uma das principais plataformas de venda de infoprodutos no Brasil e na América Latina. Explicação sobre o crescimento exponencial do mercado de infoprodutos e como o **Hotmart** oferece recursos para criação, gestão e monetização de cursos, e-books, assinaturas, entre outros formatos digitais.

Benefícios da Monetização no Hotmart

A plataforma permite que criadores transformem conhecimento em renda passiva, ajudando-os a gerar impacto e construir autoridade. Vantagens como acesso a um sistema de pagamentos seguro, facilidade para gestão de afiliados e suporte para clientes.

Ferramentas de marketing do **Hotmart** que ajudam na promoção de produtos, como links personalizados, banners e integração com redes sociais.

Construção de uma Audiência Orgânica no Hotmart

Passo a Passo para criar uma comunidade em torno do seu infoproduto, desde o planejamento do conteúdo até a implementação de estratégias de marketing orgânico. Exemplos de estratégias para atrair seguidores de forma natural: criação de conteúdos gratuitos (ex: webinars, e-books, conteúdos ricos em redes sociais), uso de SEO nos materiais educativos e a prática de storytelling para engajar o público.

Afiliados e a Expansão da Rede

Como o sistema de afiliados do **Hotmart** possibilita que outros profissionais promovam seu produto, ampliando seu alcance sem investimento direto em publicidade paga. Como escolher bons afiliados e manter uma relação de parceria, oferecendo treinamento e materiais de divulgação.

Histórias de profissionais que transformaram suas áreas de atuação através do **Hotmart**, como empreendedores de finanças, saúde e bem-estar, e marketing digital. Análise de estratégias que ajudaram esses profissionais a se destacar e a criar uma audiência engajada.

Dicas Práticas para Iniciar no Hotmart

Passo a passo para o lançamento de um produto digital: definição do nicho, construção do conteúdo, precificação e divulgação. Estratégias orgânicas para se destacar em um mercado competitivo: criar conteúdo de valor, fomentar interações nas redes sociais e usar o marketing de influência.

O **Hotmart** é uma ferramenta robusta para monetizar conhecimento e construir autoridade digital. Para empreendedores que desejam explorar o marketing orgânico, o **Hotmart** oferece um ambiente onde é possível desenvolver e consolidar uma marca de forma autêntica e sustentável. Eu sou apaixonado por essa marca.

Dica para o Leitor: Indique os primeiros passos práticos para quem deseja lançar seu primeiro produto no Hotmart, sugerindo também que explore os cursos e tutoriais da própria plataforma, que oferece uma série de recursos educativos para novos criadores.

Bônus:

*Participar do **Hotmart Fire Festival** vai muito além de apenas assistir a palestras ou conhecer tendências — é uma oportunidade única de experimentar no universo do marketing digital, inovação e empreendedorismo. Reunindo mentes estendidas, referências globais e profissionais apaixonados pelo que fazem, o evento cria um ambiente propício para troca de ideias, aprendizado prático e, principalmente, para conexões que podem transformar carreiras e negócios. Estar presente no Fire significa estar à frente, absorvendo insights valiosos, descobrindo novas ferramentas e entendendo como grandes nomes para alcançar resultados extraordinários no mercado. um investimento não apenas em conhecimento, mas também em networking, inspiração e visão estratégica para o futuro.*

Notas 1:

....

....

....

....

....

....

....

....

....

Notas 2:

....

....

....

....

....

....

....

....

....

Notas 3:

....

....

....

....

....

....

....

....

....

Marketing é uma arte de criar valor, uma ciência de entender pessoas e uma estratégia de transformar conexões em resultados.

CAPÍTULO 14:

Inteligência Artificial e a Automação Humanizada no Marketing

A IA possibilita uma automação mais inteligente e, ao mesmo tempo, mais humanizada. O foco será explorar como o uso consciente da IA pode transformar a interação com o cliente, sem sacrificar a personalização e a autenticidade da comunicação.

Introdução à IA e Automação no Marketing

Breve história da IA e sua aplicação no marketing digital, explicando o avanço dos chatbots, assistentes virtuais, e sistemas de recomendação. Explicação sobre o conceito de "automação humanizada" — o uso de IA para criar interações mais naturais e menos "mecânicas".

Exemplos de como a IA pode antecipar o comportamento do cliente e criar respostas que se alinhem ao tom e estilo de comunicação da marca.

Aplicações Práticas

Chatbots Inteligentes: Como os bots com IA conseguem interpretar linguagem natural, oferecendo respostas mais precisas e solucionando dúvidas de forma eficiente.

Emails Personalizados com IA: O uso de algoritmos para criar linhas de assunto e textos mais personalizados com base nos interesses do usuário.

Ferramentas de Escuta Social com IA: Como a IA monitora o que é falado sobre a marca nas redes sociais, permitindo respostas rápidas e personalizadas.

Exemplo Prático

Magazine Luiza e a assistente virtual "Lu" como exemplo de IA humanizada que cria interações autênticas com os consumidores.

*A Lu, assistente virtual do **Magazine Luiza**, é um exemplo brilhante de como a Inteligência Artificial pode ser utilizada de forma humanizada para criar interações autênticas com os consumidores. Mais do que apenas responder perguntas ou auxiliar nas compras, a Lu representa uma personalidade digital que conversa com o público de forma leve, acessível e amigável Sua linguagem próxima, expressões carismáticas e capacidade de adaptação a diferentes contextos fazem com que os consumidores sintam que estão interagindo com uma pessoa real, e não apenas com um sistema automatizado. Reforçar não apenas a confiança na marca, mas também promove um relacionamento mais próximo e duradouro com os clientes, mostrando que a tecnologia, quando bem utilizada, pode ser uma ponte para conexões verdadeiras.*

Benefícios e Desafios

Vantagens de usar IA para melhorar a comunicação com o cliente. Limitações e perigos do uso excessivo de automação, que podem causar perda de autenticidade. Se utilizada de forma ética e estratégica, pode criar uma experiência mais rica para o cliente.

Dica para o Leitor: Inclua uma lista de ferramentas de automação que já utilizam IA para personalizar a comunicação com o cliente, como **Drift**, **HubSpot**, ou **Zendesk**.

Demore o tempo que for
para decidir o que você quer
da vida,
e depois que decidir não
recue ante nenhum pretexto,
porque o mundo tentará
te dissuadir.

Friedrich Nietzsche

CAPÍTULO 15:

IA e Análise de Dados para Estratégias de Conteúdo Orgânico

Demonstrar como a **Inteligência Artificial** (IA) pode ser usada para extrair **insights** profundos a partir de dados, permitindo que marcas entendam melhor o público e criem conteúdo orgânico relevante.

1. A Revolução dos Dados com a IA

A IA revolucionou a forma como analisamos grandes volumes de dados. Com o aprendizado de máquina, é possível identificar padrões, prever tendências e obter **insights** detalhados sobre o comportamento do público. Ferramentas de **big data** combinadas com IA permitem que as marcas transformem informações complexas em ações práticas.

2. Segmentação Inteligente de Audiência

A IA analisa preferências, comportamentos e interações para segmentar a audiência com precisão. Técnicas como agrupamento de usuários com interesses comuns e predição de comportamentos ajudam na entrega de conteúdos personalizados, aumentando o engajamento e a relevância.

3. Criação de Conteúdo Baseada em Dados

Ferramentas de IA, como **BuzzSumo** ou **Market - Muse**, analisam tendências e tópicos populares, orientando as marcas na criação de conteúdo mais alinhado aos interesses do público. A análise preditiva permite ajustar formatos e mensagens para maximizar o impacto orgânico.

4. Monitoramento e Adaptação em Tempo Real

A IA monitora reações, comentários e interações em tempo real, permitindo ajustes rápidos nas estratégias de conteúdo. Esse monitoramento constante ajuda a otimizar campanhas de maneira ágil, especialmente nas redes sociais.

5. Caso Brasileiro: Banco Inter

No Brasil, o **Banco Inter** utiliza IA para segmentar sua audiência jovem e criar campanhas direcionadas em redes sociais. A análise de dados em tempo real permite oferecer conteúdo relevante e personalizado, aumentando a conexão com seu público.

6. Ética e Transparência no Uso da IA

O uso responsável da IA envolve transparência, respeito à privacidade e conformidade com regulamentações de dados. É fundamental garantir que a confiança do público não seja comprometida. Marcas devem ser claras sobre como os dados são coletados e utilizados.

Dica para o Leitor: Explore ferramentas como **Sprinklr**, **Hootsuite Insights** e **IBM Watson Analytics** para análise de dados de redes sociais. Essas plataformas ajudam a identificar tendências, analisar o engajamento e ajustar estratégias em tempo real.

O sucesso começa com a coragem de fazer sua melhor aposta.

APOSTA

1. Marketing de Experiência

As marcas investirão mais em criar experiências memoráveis para os consumidores, tanto online quanto offline. Em um mercado saturado, as experiências únicas se destacam e criam conexões emocionais mais profundas.

2. Personalização Avançada

A personalização se tornará mais sofisticada, utilizando IA e dados para oferecer experiências hiperpersonalizadas. Consumidores esperam interações personalizadas e relevantes, levando as marcas a investirem em tecnologia para atender a essa demanda.

3. Sustentabilidade e Responsabilidade Social

As empresas que priorizam práticas sustentáveis e responsabilidade social serão mais valorizadas pelos consumidores. O público está cada vez mais consciente do impacto ambiental e social das marcas e prefere apoiar aquelas que compartilham esses valores.

4. Aumento do Conteúdo em Vídeo

O conteúdo em vídeo continuará a dominar, com formatos mais curtos e envolventes, como Reels e TikToks. O vídeo é uma forma poderosa de comunicação e engajamento, especialmente entre o público mais jovem.

5. Comunidades de Marca

Marcas investirão em construir comunidades em torno de seus produtos, fomentando interações significativas entre os consumidores. Comunidades engajadas podem se tornar defensores da marca, gerando marketing boca a boca.

6. Inteligência Artificial e Automação

A IA será usada para automatizar processos de marketing, desde a segmentação de audiência até a criação de conteúdo. Com o aumento da concorrência, as marcas precisam otimizar seus recursos e melhorar a eficiência.

7. Marketing Inclusivo

As marcas adotarão abordagens mais inclusivas e representativas em suas campanhas. O público demanda diversidade e inclusão, e as marcas que não se adaptarem podem perder relevância.

8. Realidade Aumentada (AR) e Realidade Virtual (VR)

AR e VR se tornarão ferramentas populares para o marketing, proporcionando experiências imersivas que capturam a atenção do público de maneira inovadora. Essas tecnologias criam novas formas de interação, permitindo que os consumidores vivenciem produtos e serviços de maneira envolvente e personalizada, o que fortalece a conexão emocional com a marca. Além disso, ao possibilitar experiências únicas, AR e VR abrem portas para campanhas de marketing mais criativas e impactantes, gerando um maior engajamento e fidelização.

9. Privacidade e Transparência

As marcas que priorizarem a privacidade dos dados e forem transparentes sobre o uso das informações ganharão a confiança do consumidor. Com o aumento das preocupações sobre privacidade, os consumidores preferirão marcas que tratam seus dados com respeito.

10. E-commerce Social

A integração de compras nas redes sociais se tornará padrão, facilitando a jornada do consumidor. O comportamento de compra está se movendo para as redes sociais, e as marcas precisam acompanhar essa tendência.

11. Voice Search e Marketing por Voz

O marketing por voz crescerá, com um foco maior em SEO para busca por voz e assistentes virtuais. Com a popularização dos dispositivos de voz, as marcas precisarão otimizar suas estratégias para esse novo formato de busca.

12. Educação e Capacitação do Cliente

As marcas se concentrarão em educar seus clientes sobre produtos e serviços, criando conteúdos que agreguem valor. Consumidores informados são mais propensos a fazer compras conscientes e fidelizar-se a uma marca.

Notas 1:

....

....

....

....

....

....

....

....

....

Notas 2:

....

....

....

....

....

....

....

....

....

Notas 3:

....

....

....

....

....

....

....

....

....

Summelier de Mkt e livros

Dica de livros

Geração de Valor: O livro Geração de Valor de Flávio Augusto da Silva oferece vários ensinamentos valiosos, mas um dos principais é a ideia de que o sucesso é resultado da criação de valor para os outros. Flávio Augusto destaca que, ao focar em resolver problemas e atender às necessidades das pessoas, você constrói uma reputação sólida e cria oportunidades para si mesmo. Ele também enfatiza a importância de assumir a responsabilidade pelo próprio destino e de buscar constantemente o crescimento pessoal e profissional.

O livro **Mente Milionária**, de T. Harv Eker, destaca que o sucesso financeiro está profundamente ligado à nossa mentalidade. Eker ensina que adotar uma mentalidade de abundância, superar crenças limitantes e reprogramar nossos pensamentos sobre dinheiro são fundamentais para alcançar riqueza. Ele também enfatiza a importância da educação financeira e dos hábitos positivos para criar e manter prosperidade.

O Pequeno Príncipe, de Antoine de Saint-Exupéry, ensina que o essencial é invisível aos olhos e só pode ser visto com o coração. Através das aventuras do pequeno príncipe e suas conversas com personagens diversos, o livro explora temas como a importância do amor, a amizade e a pureza infantil. Ele ressalta que as coisas mais valiosas na vida são aquelas que não podem ser quantificadas ou medidas, mas que são sentidas e compreendidas profundamente.

O livro **A Vida é Bela**, da Editora Sextante, é uma obra inspiradora que oferece uma perspectiva otimista sobre a vida. Ele explora a importância de encontrar beleza e significado mesmo nas situações mais desafiadoras. O autor, ao compartilhar histórias e reflexões, encoraja os leitores a apreciar as pequenas coisas e a enfrentar as adversidades com uma atitude positiva. O livro é um lembrete de que a beleza e a alegria podem ser encontradas em meio às dificuldades e que a forma como vemos o mundo pode transformar nossa experiência de vida.

Design para a Vida, de Bill Burnett e Dave Evans, ensina como aplicar princípios de design ao planejamento e à criação de uma vida mais satisfatória e significativa. O livro promove a ideia de que a vida pode ser moldada e redesenhada como um projeto, oferecendo ferramentas práticas para explorar novas possibilidades, definir objetivos claros e superar obstáculos. Com uma abordagem prática e criativa, os autores incentivam os leitores a adotar uma mentalidade de design para transformar suas carreiras e vidas pessoais em algo que realmente desejam.

Se você sabe onde quer chegar, metade do caminho já está traçado

Comunicação Objetiva

Clareza e Objetividade: Evite termos técnicos ou jargões desnecessários. Seja direto, claro e objetivo em suas mensagens para garantir que todos entendam a informação sem ambiguidade.

Escuta Ativa: Incentive a prática de escutar de forma ativa, ou seja, prestando total atenção ao interlocutor, sem interrupções. Isso demonstra respeito e melhora o entendimento mútuo.

Transparência: Mantenha a transparência em todas as comunicações, seja interna ou externa. Isso não só fortalece a confiança entre a equipe, clientes e parceiros, mas também cria um ambiente de colaboração aberta e respeito mútuo. Ao ser claro e honesto em suas interações, você constrói relacionamentos duradouros e demonstra compromisso com a integridade, o que é fundamental para o sucesso a longo prazo.

Adequação ao Público: Ajuste o tom, a linguagem e o conteúdo conforme o público-alvo. O que funciona para um cliente pode não ser eficaz para um colega ou fornecedor.

Comunicação Não Verbal: Preste atenção aos sinais não verbais, como postura, expressões faciais e gestos, pois eles têm um impacto profundo na forma como sua mensagem é recebida. Esses sinais podem reforçar o que você está dizendo, tornando sua comunicação mais eficaz, ou até contradizer suas palavras, gerando confusão ou desconfiança. Uma boa comunicação envolve alinhamento entre o que é dito e o que é transmitido fisicamente, criando um ambiente de entendimento claro e empático.

Feedback Contínuo: Forneça e esteja aberto ao feedback regular, tanto positivo quanto construtivo. Isso promove a melhoria contínua e fortalece relações.

Uso Eficiente de Ferramentas Digitais: Utilize ferramentas digitais (e-mails, plataformas de chat, videoconferências) de maneira estratégica, evitando a sobrecarga de informações e garantindo que as mensagens sejam entregues de forma eficaz.

Consistência: Mantenha a coerência em suas comunicações, garantindo que a mensagem transmitida em diferentes canais ou momentos esteja alinhada com os valores e objetivos da empresa.

Empatia: Coloque-se no lugar dos outros e procure entender suas perspectivas. Ao compreender as necessidades, desafios e emoções dos colaboradores e clientes, você é capaz de criar mensagens mais eficazes, humanizadas e conectadas. A empatia não só melhora a comunicação, mas também fortalece a confiança e o relacionamento, criando um ambiente mais colaborativo e sensível às demandas de todos.

Planejamento e Estrutura: Antes de comunicar, planeje a mensagem com antecedência. Estruturar as ideias e alinhar os pontos principais garantem que a comunicação seja mais fluida e eficaz.

Quando você se comunica com intenção, conecta com o coração.

Comunicação "PESADA"

Comunicação Ambígua: Mensagens vagas ou imprecisas podem gerar mal-entendidos. Evite falar de maneira abstrata ou incompleta.

Interrupções Constantes: Interromper as falas dos outros demonstra falta de respeito e impede o entendimento completo da mensagem.

Ignorar Feedback: Não prestar atenção ao feedback ou desconsiderá-lo pode criar um ambiente de desconfiança e insatisfação.

Excesso de Jargões: Usar termos técnicos sem necessidade, especialmente com pessoas fora do campo de especialização, dificulta a compreensão e pode afastar o interlocutor.

Ser Inflexível ou Fechado ao Diálogo: Não estar aberto a opiniões contrárias ou novas ideias pode bloquear inovações e prejudicar o trabalho em equipe.

Falta de Empatia: Ignorar o contexto emocional e as necessidades do outro lado pode tornar a comunicação fria e desumana, prejudicando as relações.

Desorganização: Transmitir mensagens de forma desorganizada ou em horários inoportunos pode confundir as pessoas e prejudicar a produtividade.

A jornada não termina aqui, pois cada fim é apenas um novo ponto de partida. Que você carregou consigo a certeza de que o pensamento positivo é a chama que ilumina os momentos de incerteza, e a criatividade é o vento que impulsiona suas ideias para horizontes inimagináveis. Nunca subestime o poder de uma mente aberta e de um coração resiliente. Vá além, ouse sonhar e, acima de tudo, tenha coragem de criar o que ainda não existe. livro, mas abra as portas para suas próximas grandes histórias.

Não ouse desistir
de tudo que
você sonhou

Luiz
Borja

Adeus, por enquanto

Luiz Borja

Verão, 2024

www.ingramcontent.com/pod-product-compliance
Ingram Content Group UK Ltd.
Pitfield, Milton Keynes, MK11 3LW, UK
UKHW021955190726
13853UKWH00004B/1555

9 786581 480165